防霾健康
行动手册

北京市西城区疾病预防控制中心 / 编著

U0305482

中国环境出版集团 · 北京

图书在版编目（CIP）数据

防霾健康行动手册 / 北京市西城区疾病预防控制中心编著 . -- 北京：中国环境出版集团，2019.9
ISBN 978-7-5111-4125-5

Ⅰ．①防… Ⅱ．①北… Ⅲ．①空气污染－污染防治－手册 Ⅳ．① X51-62

中国版本图书馆 CIP 数据核字（2019）第 222779 号

出 版 人　武德凯
责任编辑　殷玉婷　沈　建
责任校对　任　丽
装帧设计　宋　瑞

出版发行　**中国环境出版集团**
　　　　　（100062　北京市东城区广渠门内大街 16 号）
　　　　　网　　址：http://www.cesp.com.cn
　　　　　电子邮箱：bjgl@cesp.com.cn
　　　　　联系电话：010-67112765（编辑管理部）
　　　　　发行热线：010-67125803，010-67113405（传真）
印　　刷　北京中科印刷有限公司
经　　销　各地新华书店
版　　次　2019 年 9 月第 1 版
印　　次　2019 年 9 月第 1 次印刷
开　　本　787×1092　1/16
印　　张　7
字　　数　10 千字
定　　价　50.00 元

中国环境出版集团郑重承诺：
中国环境出版集团合作的印刷单位、材料单位均具有中国环境标志产品认证；
中国环境出版集团所有图书"禁塑"。

编委会

（按照姓氏笔画排序）

主　　编：李若岚　王　巍

专 家 组：张　永　沈　凡　周又红

执行编辑：闫莹莹　赵　溪

编 写 组：王　兰　王　喆　刘宇琪　刘建华

　　　　　刘浩然　吕　彦　毕　欣　闫莹莹

　　　　　张俊菊　张振伟　张晓雪　李依恬

　　　　　李维刚　李博洋　杨海燕　侯　越

　　　　　赵　溪　郝　冀

前　言

　　"雾霾"对于我们已经不再是个陌生的名词，细颗粒物（PM$_{2.5}$）是它的主要成分之一。细颗粒物体积非常小，其直径约为头发直径的 1/20，但是它对人体健康和生态环境却有着重要的影响。

　　为了更好地推广科学防霾知识的传播，北京市西城区疾病预防控制中心特别为中小学生编写此教育读本。使科学防霾的理念植根于每个孩子心中，让孩子们了解环境与健康的意义，建立人与环境和谐共处、健康发展的理念，从而使孩子们成长为健康促进的实践者。

　　本书主要面向小学中、高年级学生及初中学生，以"在做中学，在学中乐"为宗旨，以"雾霾"问题为切入点，使知识易于理解，让学生乐于接受。全书分为三个单元：第一单元介绍大气环境与雾霾的基本知识，包括大气组成与雾霾的"前世今生"等；第二单元介绍雾霾的成因及影响因素，包括雾霾的形成因素与扩散条件、人类如何建立宜居环境；第三单元介绍如何科学防霾，包括雾霾对人体健康的影响，如何正确佩戴口罩等。

　　本书得到了北京市西城区青少年科技馆的大力支持。在此，特向他们对环境健康教育事业的贡献致以诚挚的感谢。

北京市西城区疾病预防控制中心

2018 年 9 月

目　录

第一单元
认识空气

名词解释

	雾	霾	雾霾	霭
天气符号	☰	∞	—	—

1. 光合作用：在阳光照射下，植物能利用水和空气中的二氧化碳来制造自己生长所需的养料，同时还能放出氧气，绿色植物的这种作用叫作光合作用。

2. 呼吸作用：植物体内的碳水化合物、脂肪等一系列物质在氧气的作用下，最终生成二氧化碳、水和其他物质，并释放出能量的过程。

3. 大气层：包围地球的整个空气层。也称"大气圈"。由氮、氧、氩、臭氧、二氧化碳和水汽等多种气体混合组成。

4. 对流层：位于大气圈的底部。夏季最厚，冬季最薄。对流层的大气密度最大，约占大气圈总质量的 79.5%（一说为 75%）。对流层的主要成分是氮 75.51%，氧 23.01%，氩 1.28%，二氧化碳 0.04%，并且集中了最大量的水汽，成为一切气象活动的场所。

5. 平流层：对流层顶以上到离地面 55 千米的大气层，因大气多平流运动，故名平流层。层内下半部温度基本上是不变的（称等温层）或随高度增加而略有上升；上半部的温度则随高度增加而显著升高（称逆温层）。平流层内空气的垂直运动远比对流层弱，特别是上半部，几乎没有垂直气流。整个气层比较平稳，以平流运动为主，非常有利于飞行。平流层内水汽和尘埃含量稀少，空气较为稳定，很少出现云，天气现象少见，能见度也很好。

6. 大气污染：当大气中污染物的浓度达到有害程度，以致破坏生态系统和人类正常生存和发展条件时，这种对人或物造成危害的现象。

7. 二次污染物：污染物受到阳光照射，污染物间相互发生化学反应，以及污染物与大气成分发生化学反应，又生成了新的有害物质，这种有害物质被称为二次污染物。

8. 氮氧化物：包括多种化合物，如一氧化二氮（N_2O）、一氧化氮（NO）、二氧化氮（NO_2）、三氧化二氮（N_2O_3）、四氧化二氮（N_2O_4）和五氧化二氮（N_2O_5）等。除二氧化氮以外，其他氮氧化物均极不稳定，遇光、湿或热变成二氧化氮及一氧化氮，一氧化氮又变为二氧化氮。

9. 二次颗粒物：又称二次气溶胶。是由排放源排放的气体污染物，经化学反应或物理过程转化为液态或固态的颗粒物。如二氧化硫（SO_2）、氮氧化物、有机气体等经光化学反应可形成硫酸盐、硝酸盐和有机气溶胶等。

10. 静稳天气：是指近地面风速小，大气稳定的天气。

11. 扩散作用：当气象因素处在有利于污染物扩散的状态下，而且污染物的排出量并不非常大时，扩散作用的效果是很好的。一方面能将污染物浓度降低，另一方面可将一部分污染物转移出去。

12. 折线图：将工作表的列和行中的数据绘制到图中，可以反映同一事物在不同时间里的发展变化的情况。

13. 照度计：或称勒克斯计，是一种专门测量光度、亮度的仪器仪表，用于测量光照强度（照度）是物体被照明的程度，即物体表面所得到的光通量与被照面积之比。

一、珍贵的空气

生命气体

曾几何时，地球接受了一件弥足珍贵的礼物，那就是无处不在的空气。没有食物我们可以存活40天，没有水我们可以存活4天，但是没有空气我们连4分钟都活不了。不管是学习、玩耍还是吃饭、休息，我们无时无刻不在呼吸着空气。空气无色无味，看不见摸不着，却又真实地存在着。那么空气是由什么物质组成的呢？

认识空气家族

1. "常住成员"

虽然我们时刻都在接触空气、呼吸空气，但因为空气无色无味的特点，我们无法直接看到和触摸到空气。人类对于空气的认识也经历了漫长的过程。在古代，空气曾被认为是一种简单的物质；随着时代的发展和科学家们的不断探索，如今我们有机会了解空气的构成。

空气是一种混合物，组成成分可分为恒定的、可变的和不定的3类，其中恒定的是氮气、氧气和稀有气体。在干燥空气气体组分中，氮气约占总体积的 78.0%，氧气约占总体积的 21.0%，稀有气体约占总体积的 0.9%。

当然，除氧气、氮气、稀有气体这些恒定气体外，还有一部分为可变气体，如二氧化碳气体、水蒸气等。可变气体的含量会随着地区不同、季节变化、气象改变以及人类活动等发生相应的变化。其中二氧化碳气体占空气组分的 0.03%（体积百分比）。

"常住成员"的信息

气体名称	化学式	基本性质	空气中所占体积比例	用途
氮气	N_2	无色无味，难溶于水	78%	防止食物的腐烂变质。液氮可以作为一种冷冻干燥剂

气体名称	化学式	基本性质	空气中所占体积比例	用途
氧气	O_2	无色无味，不易溶于水	21%	人类维持生命不可缺少的物质。用于切割、焊接等冶金过程
稀有气体	He Ne Ar Kr Xe	无色无味的气体，很难进行化学反应	0.9%	通电时，发光颜色多样，用于制作霓虹灯
二氧化碳	CO_2	无色无味，略溶于水	0.03%	用于灭火。用于制作小苏打、碳酸饮料等。用于绿色植物进行光合作用
其他			0.07%	

画一画

请根据图例，用不同的颜色在下面的饼状图上标出空气中主要成员所占的比例。（饼状图已被十等分，每份代表 10%，其中一份又被十等分，每份为 1%）

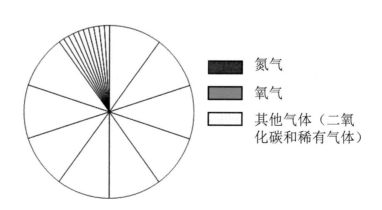

■ 氮气

■ 氧气

□ 其他气体（二氧化碳和稀有气体）

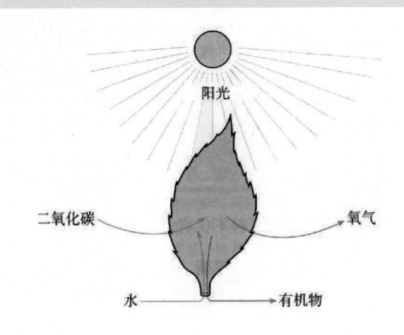

阳光

二氧化碳 → 氧气

水 → 有机物

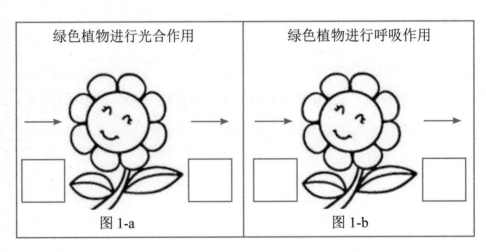

绿色植物进行光合作用	绿色植物进行呼吸作用
图 1-a	图 1-b

植物的"呼吸"

思考

在植物内，二氧化碳（CO_2）和氧气（O_2）又是如何进出的呢？
请在图 1-a 和图 1-b 中标注出来。

2. 外来成员

在空气中，除了那些"常住成员"以外，随着社会的发展、工业化的推进，也逐渐出现了一些"外来成员"，它们是空气中那部分组分不定的气体。这些气体的产生有时是由于天然原因（如火山爆发、森林火灾、地震、海啸等），而更多的是由于人为原因（如燃料的燃烧和工厂排放的废气）。它们有一个共同的"称号"——大气污染物。当这些污染物的浓度达到有害程度，以致破坏生态系统和人类正常生存和发展条件时，这种对人或物造成危害的现象叫作大气污染。以前大气污染的罪魁祸首是工厂喷出的乌黑煤烟，现在各地工厂都受到了当地环保部门的监督，有些工厂安装了防煤烟设施，因此煤烟相对减少了。但是，汽车尾气排放污染日益严重，汽车尾气排放成为大气污染的重要起因。在汽车尾气中，主要有5种一次污染物，它们是：一氧化碳、二氧化硫、氮氧化物、颗粒物、碳氢化合物。一次污染物是从污染源直接排入环境的污染物。当一次污染物受到阳光照射时，污染物间会相互发生化学反应，以及污染物与大气成分发生化学反应，就生成了新的有害物质，这种有害物质被称为二次污染物。

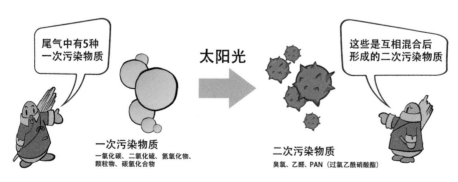

汽车尾气中的污染物

四格漫画
——空气家族的大事件

（蜀彤 绘制）

通过上面这四幅漫画，空气家族发生了一件怎样的大事？请你用生动、详细的语言把它讲述出来。

这四幅漫画给了你什么启示？

▶ 查找 "外来成员"

1. 纸花变色实验

实验原理：SO_2 有漂白性，与品红结合生成无色物质。

所需材料：白色纸花、品红溶液、无水亚硫酸钠、足量稀硫酸（质量分数 50%）、广口瓶。

实验方法：

（1）将白色纸花浸泡在品红溶液中，一段时间后取出，备用。

（2）在广口瓶中加入无水亚硫酸钠和足量稀硫酸，制取二氧化硫。

实验装置：

回形针

带有品红溶液的纸花

H_2SO_4（稀）

无水 Na_2SO_3

二氧化硫使纸花变色装置图

2. 空气中的有害气体检测

实验原理：利用比长式快速检测管可以对空气中特定气体进行快速检测，例如 CO、CO_2、H_2S、O_2、SO_2、NH_3 等。检测管的基本测定原理为线性比色法，即被测气体通过检测管与指示胶发生有色反应，形成变色层（变色柱），变色层的长度与被测气体的浓度成正比。

器材准备：比长式快速检测管。

各种气体检测管

● 小·小·记录员

同学们可以通过网络与媒体得知空气中主要污染物的指数，下面是某市一段时间内空气主要污染物的平均值及对应的趋势图，请记录下你所在地区的空气中主要污染物的数值，并画出一个趋势图。

下表是某市某年主要污染物平均浓度。

月份	空气中主要污染物月平均值	
	二氧化硫（SO_2）/（$\mu g/m^3$）	二氧化氮（NO_2）/（$\mu g/m^3$）
4 月	9.8	46.2
5 月	9.1	39.5
6 月	6.9	36.9
7 月	5.4	35.9
8 月	3.9	31.1
9 月	5.5	44.0
10 月	6.1	54.3

根据上表数据，绘制某年6—10月二氧化硫和二氧化氮的变化曲线。

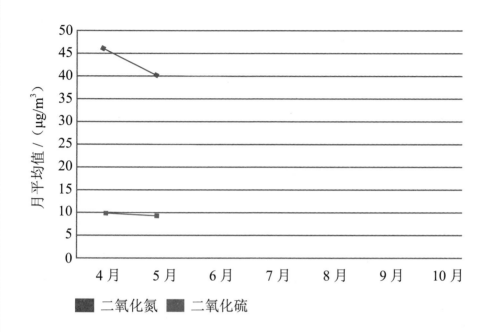

思 考

请你根据"某市某年空气中主要污染物平均浓度"的数据，完成变化曲线图表。根据变化曲线尝试分析：在4月至10月，哪个月份的二氧化硫和二氧化氮的浓度最高？哪个月份最低？尝试分析其原因是什么？

二、大气层

认识大气层

　　设想有一天我们乘坐热气球进行一次空中旅行。从海拔为零的温暖海域起飞后，热气球不断上升，我们离地面越来越远。随着高度的增加，我们感到越来越冷，空气也越发稀薄，这是怎么回事？

　　包在地球外面的空气被称为大气层（或大气圈）。如果把地球看作一个苹果，那么大气层就是苹果皮。由于地球引力的作用，大气层始终围绕着地球，没有脱离地球飘走。整个大气圈随高度

防霾健康行动手册

不同表现出不同的特点，从地面开始依次向上，分为对流层、平流层、中间层、暖层和散逸层，再往外就是星际空间。

2000-3000km

散逸层

800km

暖层
约700km

85km

50km

中间层
35km

20km

平流层
30km

对流层
20km

● 大气圈模型制作

材料准备：5 种颜色的超轻黏土（代表大气圈中的 5 个不同的层）、1 块条形橡皮（代表地面）。

制作步骤：

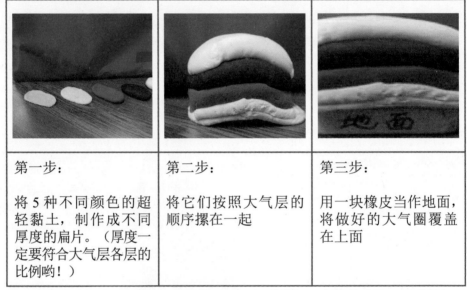

第一步：	第二步：	第三步：
将 5 种不同颜色的超轻黏土，制作成不同厚度的扁片。（厚度一定要符合大气层各层的比例哟！）	将它们按照大气层的顺序摞在一起	用一块橡皮当作地面，将做好的大气圈覆盖在上面

注：对流层（8～18 千米）；平流层（18～55 千米）；中间层（55～85 千米）；暖层（85～500 千米）；散逸层（500～1000 千米）。

思考

（1）你还能想到利用其他材料来制作大气圈模型吗？请结合大气圈各层的特点，想一想我们在地面上看到的各种天气现象出现在哪个层？

（2）飞机要在平流层飞行，为什么这一层最适合飞机飞行呢？

防霾健康行动手册

大气迷宫行

晴朗的春日清晨，天气微凉。随着太阳升起气温也随之上升。

地球是一个近似球体，赤道附近距离太阳近，而南北极距离太阳最远。这就导致地球上近点所获得的太阳光更强，其地表附近的大气温度更高，而南北极地表附近的大气温度则较低。热空气上升而冷空气下降，就形成了一个大气环流，赤道附近的热空气从高空向南北极扩散，南北极的冷空气则从低空补充热空气扩散留下的空间，如此往复，各种大气污染物也随之运动，并且还会随着雨雪等天气现象沉降到海洋与地表。与此同时，许多污染物如二氧化硫、氯氟烃等也会随着大气运动而扩散。

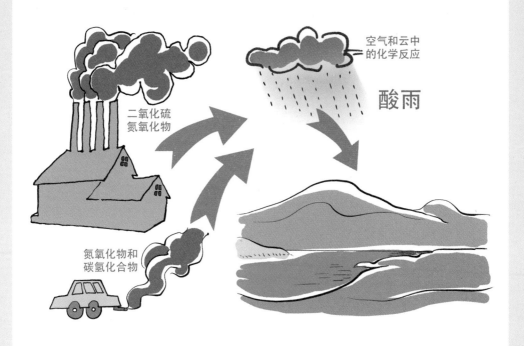

思考

通过走迷宫，请你思考，一个地方发生空气污染问题，会给另一个区域带来什么影响？

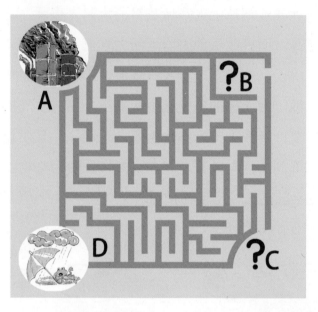

（1）A 地区出现很多矿区、工厂排放大量废弃物的现象，随着大气的运动，会给 B 地区带来什么影响？

（2）在 D 地区出现了酸雨，请推测是受到了哪个区域的影响？这个区域的环境可能是什么样子的？

拓展

测量一下不同高度颗粒物的浓度。

操作步骤：

（1）准备 3 张硬卡纸，在每张硬卡纸上画一个边长为 1 cm 的正方形。

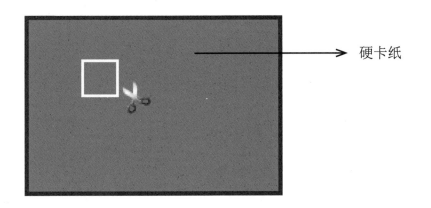

硬卡纸

（2）用剪刀将硬卡纸上的白色正方形区域挖空，贴上透明胶带。

（3）将 3 张卡片分别放置在同一栋楼房、同一单元的不同楼层的窗外（有黏性的一面朝外），1 小时后取下。

（4）将胶带从卡片上轻轻撕下，把具有黏性的一面贴到载玻片上，放在显微镜下观察。

（5）认真填写记录。

观察物 ＼ 楼层	一层楼	三层楼	五层楼
颗粒物数量 / 个			
颗粒物大小			

三、"霾星人"的身世之谜

近在咫尺，远在天边？

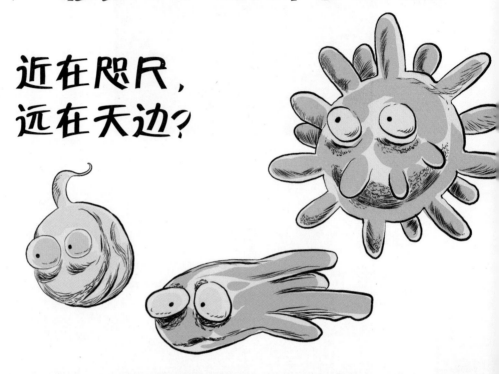

"霾星人"来啦！让原本近在咫尺的景象，也变得模糊而遥远了！

同学们，你们知道"霾星人"是谁吗？它们是由什么构成的？它们是什么时候出现的？它们的祖先和现在，各又是怎样的呢？

霾星人，就是来自雾霾星球的成员。下面，我们就听一听霾星人如何讲述自己的前世今生。

霾星人的 "前世今生"

1. 听霾星人讲 "霾" 字的前世
——霾星人的祖先是什么呢?

（1）分组竞猜：这是什么？（道具）

答案： 甲骨文 小篆

（2）霾字古已有之,甲骨文里就有"霾"字,古时的霾是怎样的?
大家猜猜"霾"形声字的含义?

从雨,貍声。本义：风夹着尘土。"雨"为下雨；"貍"，俗字为"狸"，指狸子，也叫野猫、山猫。狸子以鸟、鼠等为食，常盗食家禽，其行为阴险，所居处阴暗，古人视其为不祥。"雨""狸"为"霾"，指阴霾，是一种大风扬尘、天气浑浊的景象。在东汉时期许慎所著的中国第一部系统分析汉字字形和考究字的《说文解字》中，对于霾字已有非常贴切的解释："霾，风雨土也。"

（3）霾的历史古诗：

元朝："都门隐于风霾间"；

元至元六年"雾锁大都""都门隐于风霾间"；

明弘治十年"霾尘积聚难见路人""官军半掩城门以遮霾尘"；

明清："霾尘积聚难见路人"；

清嘉庆十五年"琼岛雾锁霾封""煤山隐于风霾土雨"。

2. 听霾星人讲"霾的今生"

同学们，你们知道雾与霾的区别吗？

雾霾是雾和霾的组合词。因为空气质量的恶化，雾霾天气增多，危害加重。中国不少地区把阴霾天气现象并入雾，统称为"雾霾天气"。

雾，是一种自然现象，是悬浮在贴近地面的大气中的大量微细水滴（或冰晶）的可见集合体。雾的水平能见度小于 1 千米。

霾，又称灰霾（烟霞），主要是人为因素造成的，是由空气中的灰尘、硫酸、硝酸、有机碳氢化合物等粒子使大气浑浊，视野模糊并导致能见度下降。霾的水平能见度小于 10 千米。

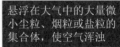

悬浮在贴近地面的大气中的大量微细水滴（或冰晶）的集合

悬浮在大气中的大量微小尘粒、烟粒或盐粒的集合体，使空气浑浊

雾与霾的区别

相对湿度

能见度

颜色

3.区分：雾、霭、霾

说明：还有一个"霭"——在气象学中为细小的吸湿性小水滴，悬浮于空气中，它的水平能见度在 1 千米以上。霭，又称为轻雾，相对湿度较雾更低。

互动游戏：根据各组对"雾、霭、霾"三个字内涵的理解，分成三个组，各自抽取一个字，第一个队员用形体或者画图表示自己所看到的字，一个一个传给本组队员，最后一个队员说出自己所理解的是哪个字。猜对组，获胜！

防霾健康行动手册

4. 总悬浮颗粒物与可沉降颗粒物

总悬浮颗粒物是指飘浮在空气中的固态和液态颗粒物的总称，其粒径范围为 0.1 ~ 100 微米。

有些颗粒物因粒径大或颜色黑可以为肉眼所见，比如烟尘；

有些则小到使用电子显微镜才可以观察到。通常把粒径在 10 微米以下的颗粒物称为可吸入颗粒物，又称为 PM_{10}。

▶ 烟灰的扩散

材料：白纸（玻璃）、蚊香、照度计。

注意事项：

（1）照度计使用步骤。

（2）准确摆放玻璃和白纸的位置。

（3）正确进行视觉测试。

步骤：

（1）点燃蚊香，烟灰扩散。

（2）在远近、上下不同的位置放白纸或者玻璃，看亮度深浅。

（3）5分钟后，观察、测试并量化白纸或者玻璃上的可吸入颗粒物。

（4）根据以上结果，判断烟灰在室内的扩散情况。

（5）学生分组填写实验报告。

白纸（玻璃）的位置 /cm	可见度测试结果（可采用视力测试方法）	烟灰扩散量化结果（利用照度计的数值进行量化）
水平 10		
水平 20		
水平 30		
垂直 10		
垂直 20		
垂直 30		

● 空气质量日播报

　　同学们，下面关于空气质量的数据，你知道是什么意思吗？你知道如何播报吗？

（中国环境监测总站官方网站空气质量信息发布系统）

第一单元 认识空气

27

第二单元

雾霾的成因及影响因素

四、十面"霾"伏

"霾"伏在我们身边的颗粒物

随着生活水平的提高，我们更加渴望优质的生活环境与自然环境。我们期待蓝天、碧水、青山，希望呼吸到的每一口空气都是洁净的、新鲜的。然而，雾霾来势汹汹，空气质量的下降影响着生态环境，为人们工作和出行带来不便的同时，还给大家的健康带来严重的危害。

雾霾产生的原因是空气中飘浮着大量我们肉眼不可见的颗粒物，这些颗粒物"不以个头大小论英雄"，越小越"厉害"，其中对人类危害最大的是细颗粒物（$PM_{2.5}$）。

名词解释

1. 能见度：反映大气透明度的一个指标，一般定义为具有正常视力的人在当时的天气条件下还能够看清楚目标轮廓的最大距离。

2. 雾：一种自然现象，是悬浮在贴近地面的大气中的大量微细水滴（或冰晶）的可见集合体。雾的水平能见度小于 1 千米。

3. 霾：又称灰霾，是由空气中的灰尘、硫酸、硝酸、有机碳氢化合物等多种粒子组成，使大气混浊，视野模糊并导致能见度下降。霾的水平能见度小于 10 千米。

4. 雾霾：雾和霾的组合词。因为空气质量的恶化，雾霾天气增多，危害加重。我国不少地区把阴霾天气现象并入雾，统称为"雾霾天气"。

5. 总悬浮颗粒物（TSP）：能长时间悬浮于空气中，由大小为 0.05 至 100 微米不等的颗粒物组成的固体颗粒物。

6. 可吸入颗粒物（PM_{10}）：指空气动力学当量直径小于 10 微米以下的颗粒物。

7. 细颗粒物（$PM_{2.5}$）：指空气动力学当量直径小于 2.5 微米的颗粒物。

	总悬浮颗粒物	可吸入颗粒物	细颗粒物
英文缩写	TSP	PM_{10}	$PM_{2.5}$
空气动力学当量直径	≤ 100 微米	≤ 10 微米	≤ 2.5 微米

防霾健康行动手册

8. 空气质量指数：英文为 Air Quality Index，简称 AQI。是定量描述空气质量状况的无量纲指数。针对单项污染物还规定了空气质量分指数，目前我国参与空气质量评价的主要污染物有六项，分别为细颗粒物、可吸入颗粒物、二氧化硫、二氧化氮、臭氧和一氧化碳。

空气质量指数	0～50	51～100	101～150	151～200	201～300	301～500
空气质量级别	一级	二级	三级	四级	五级	六级
空气质量状况	优	良	轻度污染	中度污染	重度污染	严重污染

9. 植物滞尘：植物的吸尘降尘作用。当尘埃飘（经）过植物时，被树叶、树干吸附，或者滞留在植物周围，最后降落到地面。

10. 叶片滞尘量：植物的叶片阻挡、吸附和黏滞大气颗粒物的质量大小，以克（g）为单位。

11. 光散射：在光学性质均匀的介质中或两种折射率不同的均匀介质的界面上，无论光的直射、反射或折射，都仅限于在特定的一些方向上，而在其他方向光强则等于零，我们沿光束的侧向观察就应当看不到光，但当光束通过光学性质不均匀的物质时，从侧向却可以看到光，这种现象叫作光的散射。

12. 浓度：单位溶液中所含溶质的量叫作该溶液的浓度。

使用便携式测试仪进行 PM_{2.5} 检测

工具：便携式 PM_{2.5} 测试仪

检测

点燃盘形蚊香会使房间内的 PM$_{2.5}$ 超标吗？

盘形蚊香

密闭、透明的塑料（或玻璃）盒子

（1）选取 2 个同样大小的密闭环境，检测试验前 PM$_{2.5}$，并记录；

（2）选取盘形有烟型蚊香和无烟型蚊香；

（3）点燃两种蚊香样品，分别放在两个密闭环境里；

（4）使用便携式 PM$_{2.5}$ 测试仪检测两个密闭环境；

（5）每一分钟记录一次数值，持续记录 10 分钟。

注意：两次检测，仪器位置、监测时间要一致。

从实验结果来看，两种盘形蚊香在密闭空间，持续燃烧 10 分钟之后＿＿＿＿＿＿＿＿＿＿＿＿＿＿＿＿，而且呈现明显的趋势。

空气中颗粒物的来源

颗粒物的来源主要分为自然来源和人为来源两种，但危害较大的是后者。

（1）自然来源主要有：土壤扬尘、海盐、植物花粉、孢子、细菌等；火山爆发排放大量的火山灰，森林大火或裸露的煤原大火及尘暴事件输送到大气层中的大量细颗粒物等。

（2）人为来源：固定源和流动源。

固定源主要有：燃煤、燃气、燃油或麦秸焚烧等排放的烟尘，发电、冶金、石油、化学、纺织印染等各种工业过程产生的细颗粒物。

流动源主要有：汽车等各类交通工具在运行过程中，使用燃料时向大气中排放的尾气。

大气中的二氧化硫、氮氧化物、氨等气体污染物，通过大气化学反应生成二次颗粒物，也会增加空气中细颗粒物的浓度。

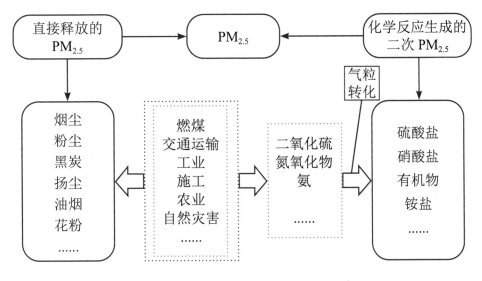

PM$_{2.5}$来源、成分分析图

二次颗粒物形成演示实验

实验工具：便携式 $PM_{2.5}$ 测试仪、玻璃棒

实验材料：氨水、盐酸

演示过程：

（1）打开便携式 $PM_{2.5}$ 检测仪，监测空气中 $PM_{2.5}$ 含量，读取、记录数据；

（2）用不同的玻璃棒蘸取盐酸、氨水，分别靠近检测仪的感应器，读取、记录数据；

（3）用不同的玻璃棒蘸取盐酸、氨水，同时靠近检测仪的感应器，读取、记录数据。

比较几次数据会发现：当盐酸、氨水分别靠近感应器时，检测仪数据几乎没有发生变化；当盐酸、氨水同时靠近感应器时，数据增加了 5 倍多。这是因为盐酸、氨水具有挥发性，在空气中呈气态，氯化氢气体（盐酸）和氨气（氨水）相遇发生化学反应后，生成颗粒极小的氯化铵，且不易下沉。

宾果（Bingo）游戏

寻找 $PM_{2.5}$ 的来源，给它分类。

游戏规则：

（1）每人画一个 4×4（16 个）方格，从左上角的方格开始，在每个格子里填写上 1 ～ 16 的号码，如图示（不要按照顺序排列）。

（2）游戏主持人边走边提出 16 个关于 $PM_{2.5}$ 的来源及分类的竞猜题（竞猜题可参考附件）。如果你回答正确，就在相应数字上打"√"。当 4 个"√"从横、竖或者斜向连成一条直线，你可以

大声喊出"Bingo"（表示"你成功了"）。

1	2	12	4
16	5	3	8
7	11	9	13
6	15	10	14

试一试

（1）下表中的数据分别是某省 A、B 两市的 $PM_{2.5}$ 来源所占的百分比（单位：%），请对照下表中的数据，用不同颜色，分别在"A、B 两地 $PM_{2.5}$ 来源对比"柱状图上涂色，并标注出来源占百分比的数据。

城市	工业	燃烧	扬尘	机动车尾气	外来输送等其他
A	13.1%	16.1%	10.3%	22.4%	38.1%
B	32.1%	8.2%	10.4%	21.7%	27.6%

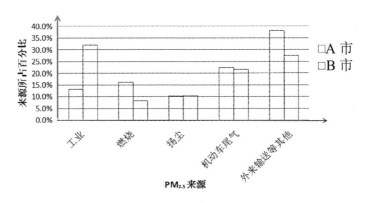

A、B 两市 $PM_{2.5}$ 来源对比

（2）仔细观察下列各图，请你根据图示提供的线索，找出哪些生活方式会使室内颗粒物增加？

雾霾天气开窗通风

多油烟的烹调方式

空调积尘

吸烟及用密封较差的
吸尘器打扫房间

直接用刷子清扫床上用品

（3）室内油烟 $PM_{2.5}$ 对比检测试验（请在老师或家长指导下完成实验）。

① 检测试验前厨房内 $PM_{2.5}$，并记录，作为对照。

② 试验在不开抽油烟机与打开油烟机情况下，2 次炒同样青菜时分别检测 $PM_{2.5}$ 浓度。

步骤：

打开灶火，将油烧至冒烟后倒入青菜，翻炒 1 分钟，出锅。

使用便携式 $PM_{2.5}$ 测试仪全程检测；

从打开灶火开始计时，每 30 秒钟记录一次数值，持续记录 3 分钟。

注意：检测过程中，$PM_{2.5}$ 测试仪要同一位置同时监测。

③ 对比分析①和②中的数据，你能得出的结论是：_____

_____

④ 根据结论，你会建议：_____

_____

_____

⑤ 尝试设计其他试验方案，进行"室内油烟 $PM_{2.5}$ 对比检测试验"。

● 联防联控 PM₂.₅

细颗粒物又称细粒、细颗粒、$PM_{2.5}$。是指环境空气中直径小于或等于 2.5 微米的颗粒物。它能较长时间悬浮于空气中，其在空气中含量浓度越高，就代表空气污染越严重。

虽然 $PM_{2.5}$ 在地球大气成分中含量很少，但它对空气质量和能见度等有重要的影响。与较大的大气颗粒物相比，$PM_{2.5}$ 粒径小，表面积大，质量轻，肉眼看不到，不容易自然沉降，活性强，易附带有毒、有害物质（例如重金属、微生物等），且在空气中的存在时间较长，会随着气流向其他区域流动、传输，产生区域性的污染，因而对人体健康和大气环境质量的影响更大。

从 2015 年起，国家建立重点区域大气污染联防联控机制，统筹协调重点区域内大气污染防治工作，按照统一规划、统一标准、统一监测、统一防治措施的要求，开展大气污染联合防治，落实大气污染防治目标责任。

附件

宾果游戏竞猜题，请判断下列说法是否正确？（参考题）

（1）爆竹燃放属于人为来源。（√）

（2）厨房油烟可以使室内 $PM_{2.5}$ 瞬间超标。（√）

（3）装修粉尘及装修材料释放的有毒物质，是室内 $PM_{2.5}$ 超标的原因之一。（√）

（4）火山灰属于 $PM_{2.5}$ 来源中的自然源。（√）

（5）打扫房间时，用吸尘器吸尘，不会增加室内 $PM_{2.5}$ 污染。（×）

（6）家中的空调使用之后，每隔一段时间就要进行一次彻底的清洗，避免空调积尘中细菌、霉菌超标，既能保养好空调，也能减少细菌的危害，从而降低室内 $PM_{2.5}$ 污染。（√）

（7）裸露土壤与 $PM_{2.5}$ 污染无关。（×）

（8）汽车尾气是 $PM_{2.5}$ 污染的主要来源之一。（√）

（9）植物花粉、孢子等属于 $PM_{2.5}$ 来源中的自然源。（√）

（10）化工厂排放的工业废气属于自然源。（×）

（11）农村烧荒开地、焚烧麦秸不会造成 $PM_{2.5}$ 污染。（×）

（12）冬季供暖与 $PM_{2.5}$ 污染无关。（×）

（13）空气中的氮氧化物、二氧化硫等气体可以发生二次反应，增加 $PM_{2.5}$ 污染。（√）

（14）清扫被单、沙发等床上用品，会导致 $PM_{2.5}$ 四处飞扬，加大室内 $PM_{2.5}$ 污染。（√）

（15）纺织印染等工业过程，可以产生 $PM_{2.5}$。（√）

（16）燃煤可以增加空气中的 $PM_{2.5}$。（√）

（17）汽车尾气通过与大气进行化学反应可以生成二次颗粒物，增加空气中细颗粒物的浓度。（√）

（18）静稳天气（是指近地面风速小，大气稳定的天气）不利于污染物扩散，容易形成霾天，造成空气中的 $PM_{2.5}$ 浓度加大。（√）

（19）"簸箕"地形结构是污染物"大容器"，不利于空气中污染物扩散，加剧 $PM_{2.5}$ 浓度污染。（√）

（20）垃圾焚烧是人为造成 $PM_{2.5}$ 增加的原因之一。（√）

（21）长期的大量施用化肥，使我国土地氨氮含量极高。化肥的过度使用也是"雾霾"形成的原因之一。（√）

（22）重型汽车柴油燃烧，增加空气中含硫量，从而带来严重的污染。（√）

（23）煤炭直接燃烧的过程中，产生大量的氮氧化物、颗粒物、二氧化硫、一氧化碳、重金属等环境污染物，与水结合后直接导致雾霾的产生。（√）

晴霾转换

　　每天公路上都行驶着很多汽车，工厂也都在生产，但天空有时蓝天白云，有时阴"霾"密布。为什么天气状况不一样呢？污染物为何时隐时现呢？这是因为大气污染物不会像建筑物那样待在

一个地方不动。那污染物是如何消失的呢？它们去了哪里？接下来让我们一起来探究一下吧！

图表识别

（1）找关系

下面是一张表格，里面有日期、天气状况、气温、风力等信息。观察其中的数据，找到哪个信息对大气污染物影响最大。

序号	日期	天气状况	气温 /℃	风向和风力
1	2014 年 10 月 5 日	晴	21	北风 3～4 级
2	2014 年 10 月 8 日	霾	22	无持续风向≤3 级
3	2015 年 2 月 2 日	霾	3	无持续风向≤3 级
4	2015 年 2 月 4 日	晴	4	北风 4～5 级
5	2015 年 8 月 19 日	雷阵雨	28	无持续风向≤3 级
6	2015 年 8 月 20 日	晴	33	无持续风向≤3 级
7	2015 年 11 月 3 日	霾	17	南风 3～4 级

（数据来源于中国天气网）

你的答案是（　　）天气现象之后，会出现晴天。

风力的大小是时刻变化着的，所以在监测天气的时候，就会得出下列表格中的数据。

时间 /h	8	9	10	11	12	13	14	15	16
风力 / 级	3	4	4	4	4	4	4	4	4
时间 /h	17	18	19	20	21	22	23	24	—
风力 / 级	4	3	2	2	2	2	3	2	—

防霾健康行动手册

（2）绘折线图

看着密密麻麻的数据，不容易找到规律，所以在预报天气的时候，就会用到折线图，它可以直观地看出数据变化情况。请在老师的指导下绘制一张关于时间与风力的折线图（已经有两个点完成了）。

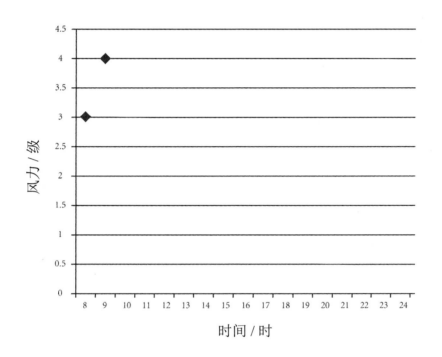

▶ 大气污染物扩散

风向以及地形对大气污染物扩散起着至关重要的作用。

实验用具：吹风机、报纸（四开）、碎纸屑、纸团、塑料泡沫颗粒、纸板、胶带、剪刀、脸盆、漏斗、烧杯、喷壶。

制作步骤：

（1）制作地面——将撕开的报纸用力捏成纸团，然后打开。注意要保持报纸上面的褶皱，不能摊平。揉过的报纸用来模拟起伏不平的地面。

（2）制作山峰——把事先准备好的 3 个纸团放在靠近报纸的一个角的下面，轻轻地按压报纸，让纸团和报纸尽量挨在一起，当作高出地面的小山峰。

（3）固定——为防止小山峰被风吹跑，请将胶带用剪刀裁成 8 条长约 4 厘米的小条儿。然后把报纸的四个角和四个边粘贴固定。

完成上面的三步，地面模型制作完成啦！

测试

测试一：碎纸屑和塑料泡沫颗粒模拟大气污染物，散落在我们制作的"地面"上，吹风机距离模型 1 米，利用吹风机产生轻微的风，将"污染物"吹走。

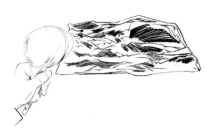

问题：大气污染物是否消失了？（是 / 否）

它们去了哪里？

回答：_____

如果遇到较高的山会怎么样呢？

测试二：在有"山峰"的报纸一角周围竖立纸板，将纸板固定好，更高的"山"就出现啦。这时再将"污染物"重新散落在报纸上，用吹风机将碎纸屑和塑料泡沫颗粒吹向纸板，距离保持 1 米。

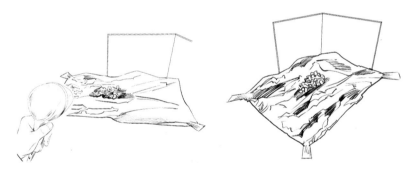

问题：你看到了什么？

回答：_____

当风遇到较高的山峰，大气污染物是否能越过去？

测试三：盆底代表我们生活的地面，盆的边缘是围绕我们的山峰，请将"大气污染物"放在脸盆之中，然后用吹风机沿脸盆平面吹风，观察现象；使吹出来的风变成斜向下，观察现象。多次尝试，看看是否可以把"大气污染物"吹散。

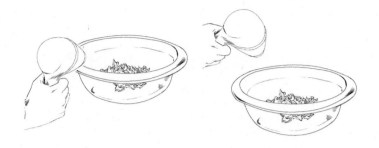

问题："污染物"能否吹散？风向对"污染物"扩散起到什么作用？

回答：_____

测试四：除了风，还有什么天气现象能够让大气污染物消散呢？

雨后的空气也特别清新，空气中的污染物都消散了。让我们来做一个实验。

在两个大烧杯中加入等量淀粉，利用漏斗和胶管制作的简易吹气装置将淀粉吹起。用喷壶在其中一个大烧杯上方洒水，另一个烧杯不做处理，记录粉尘降落的时间。

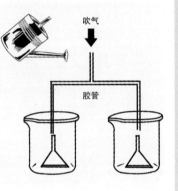

问题分析

测试一中，"大气污染物"并没有消失，而是被风吹到了其他地方，而且"污染物"变得非常分散。这说明风对"大气污染物"的扩散有两个作用：一是整体的输送作用，二是冲淡稀释作用。在一段时间内，风速越大，"大气污染物"就会被吹得越远，变得越稀薄，它产生的危害就越小。

测试二中，可以看出，风向对"大气污染物"的扩散起很重要的作用。如果风吹向山，山又比较高，大气污染物就不能越过山峰，这样会使得携带大量"污染物"的风返回到原地；又或者风的移动距离较短，也起不到污染物扩散的作用。

测试三中，斜向下的风在脸盆中产生了一个小型的空气循环，将"大气污染物"沿着脸盆侧面吹向上空，从而将"污染物"吹散。通常低层大气温度较高，高层大气温度较低，这样大气层结构容易发生上下对调，使得近地面层的污染物向高空乃至远方输散，从而城市空气污染程度减轻。

测试四中，喷出的水滴会吸附飘浮在空中的淀粉尘，使它们聚集成较大的淀粉颗粒，从空中降落下来。同理可得，雨水能将空气中的大气污染物溶解聚集，然后带到地面上。

北京的地形地势

北京地势西北较高，逐渐向东南方向缓慢下降，像一个下坡一样。北京的西面是太行山西山，北面是燕山山脉的军都山，东北也是连绵不断的群山，而东南是一片缓缓向渤海倾斜的平原，这就形成了一个向东南展开的半圆形开口，很像一个大"簸箕"。在无风的情况下，这种地理条件是非常不利于污染物扩散的。如果刮起西北风，风就像扫帚一样，将污染物扫出了北京，北京的天气变好了。

除了利用风来使污染物扩散，还可以依靠污染物本身的重力，让它们从空中逐渐降落到地面上。直径比较大的颗粒污染物，可以像羽毛一样自由降落到地面上。直径比较小的颗粒污染物可以聚在一起形成大颗粒降落到地面。另外，雨雪也会将大气污染物冲洗降到地面，使大气清洁，这也就是下雨或者下雪后空气变清新的原因。

六、城市规划师

冬季供暖惹的祸?

曾几何时,冬天不再代表着飞雪漫天,而代表了严重污染。2015年冬季,华北、东北地区的多个城市被雾霾笼罩,持续时间长,污染程度高。这背后到底与冬季供暖有没有直接联系呢?还是其他原因?

第二单元 雾霾的成因及影响因素

● 体验——城市记忆

"登上景山最高处，

京华历历在目，

炊烟相招，鸽哨相邀，

半城宫墙半城树。

我住北京城里，

北京住我心里。

纵然今日分袂，

毕竟终生相忆。"

这是一首 50 年代的民谣。如今北京的景山早已淹没在高楼大厦之中。宫墙还在，但已不是半城，只是城市的一角。

思 考

了解一下长辈们儿时的城市记忆。

长辈们如何形容环境的变化？

你能给自己生活的这座城市画一张速写画吗？

防霾健康行动手册

城市化高速发展的同时也会带来全新的问题。你的城市有哪些突出问题？

▶ 城市规划师

（1）观察上图，分小组讨论，在这个城市中，现在的规划是否合理？

（2）如果你是城市设计师，你准备如何重新规划这个城市？你的理由是什么？

（3）你规划的城市是否有厂房和工厂？它们给城市带来什么？如果关闭了周围的工厂，城市中人们的生活会有什么变化？

	植被与水资源	地势情况	工业发展现状	人口	机动车保有量/万辆
A城	无天然河流，需要不断地从其他地方调水补充。四季分明，夏季由原来的梅雨季节到现在的雷阵雨天气。冬季由原来的西北风呼刮到现在季节的阴霾不能挥散。植被面积占城市面积的62%。多为石头山，因此只有草生长。城市内部多为草坪，行道树种单一	四面环山，属于内陆地区，总面积是16807平方千米。其中平原面积占总面积的38.6%，山区面积占61.4%。总体西北高、东南低，地势垂直高差大	作为周边地区的经济中心，城市内高楼林立，人口在城市中心地区高度密集，每天从早到晚到处堵车	从五年前的1385万到现在的2174万人，迅猛发展。人口集中在城市地区、山区人口稀少	537.1
B城	雨水充足，因此植被茂密。因城市化，大量树种消失，胡同中可见更多。其余以草坪为主。海洋性气候，四季节明显，冬夏季节不冷，夏季雨量丰沛	境内除西南部有少数丘陵山脉外，全为坦荡低平的平原，是三角洲冲积平原的一部分，平均海拔高度为4米左右。陆地地势总趋势由东向西低微倾斜。平均海拔高度为4米左右。陆地面积6218平方千米，水域面积122平方千米。境内有岛屿，面积为1041平方千米。	位于三角洲前缘，北部、东部和南部都临海，是一个良好的江海港口。从一个小渔村变成现在的大都市港口货运中转站，从早到晚港口忙碌。成为周围城市的核心枢纽	人口相对稳定，但是在2430万人左右。人口分布在整个城市中，相对平均	272.3
C城	一年四季分明，风沙较大，但是植被也丰富，尤其古树和大片森林保存完整，阳光灿烂	黄土高原之上，北临大河，南依大山，周围曲流环绕。面积9977多平方千米。	从古到今，城市变化不大，人们生活悠闲，因为位于高原，所以物产丰富	618余万	215

现在有 3 座城市，请你仔细阅读表格，和同学们一起分析。

（1）根据 3 个城市现状的分析，经过讨论后列出上述每个城市中的优势和存在的问题（可以根据地形 / 地貌 / 工业发展 / 植被情况 / 人口等各个因素进行判断）。

（2）3 个城市是否都会有雾霾产生？为什么？

（3）如果雾霾减少了，会有其他影响人体的天气现象产生吗？如果有，怎么办？

（4）你希望生活在什么样的城市？空气和水源是什么状态的？

游戏　追踪塑料瓶

请对"玻璃瓶"的产品生命周期进行追踪，分析其污染物排放的踪迹：

● 参与者将被分为 5 到 6 组，分别围绕一个桌子坐好。每张桌子发放一个信封，内装 1 号卡片，如下：

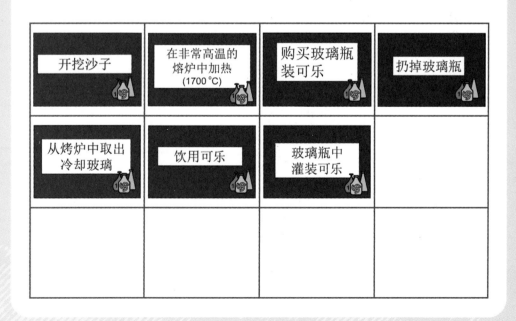

思考

按照一个玻璃饮料瓶的生产流程，它的生产顺序应该是什么呢？请把它们按照时间顺序排列出来。

评论

在流程中缺失了什么环节？

下面，你将收到第二个信封，内装 2 号卡片（9 张红色卡片）。

请将 2 号卡片插入桌上按时间顺序摆好的 1 号卡片中间。

参考示意图

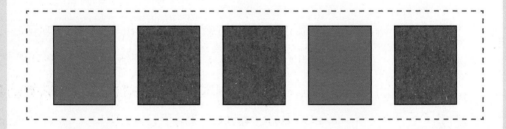

思考

在你排列好的这个流程中是否需要运输过程？

你将继续收到 3 号卡片（8 张浅蓝色卡片），请将它们插入到流程中。

至此，如果把 1～3 号卡片定义为事件的"原因"，那么它会带来哪些"后果"呢？

你将收到第 4 个信封，里面装有 4 号卡片（8 张黄色卡片），也就是"后果"卡片。

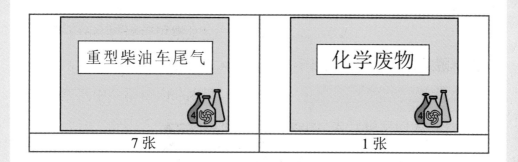

思考

在这个产品环节中，哪些环节会发生卡车尾气污染？哪些环节会产生化学废物？除此之外，也可以自己写出新的卡片，放在流程线的上面或下面。

讨论

这些足够了吗？还有什么被忽略了？我们对污染物的排放到此停止了吗？

现在，你将收到最后一个信封，里面是 5 号卡片（灰色若干张）。

请你参照已经完成的产品生命周期，每个小组现在必须完成自己的生态影响卡片，可以包括土地污染、沼气排放、一氧化亚氮排放、水污染、噪声污染等。

附："玻璃瓶"产品循环参考流程

1）开挖沙子

2）运送沙子到加工厂

3）卡车尾气

4）清洗并处理沙子

5）化学废物

6）生产精制硅砂

7）运送硅砂到玻璃工厂

8）卡车尾气

9）混合硅砂和其他原料

10）在一个非常高温的熔炉中加热（1700℃）

11）将融化的液体倒入金属模具

12）将模具放入烤炉

13）从烤炉中取出并冷却玻璃

14）运送包装到工厂

15）卡车尾气

16）包装玻璃瓶

17）运送玻璃瓶到装瓶工厂

18）卡车尾气

19）玻璃瓶中灌装可乐

20）运送瓶盖到工厂

21）卡车尾气

22）玻璃瓶盖上瓶盖

23）运送玻璃瓶到商店

24）冷藏

25）购买瓶装可乐

26）运送可乐到家

27）卡车尾气

28）饮用可乐

29）扔掉玻璃瓶

30）运送到垃圾填埋场

31）卡车尾气

32）垃圾填埋

● 在城市中

在城市中，什么地方细颗粒物浓度最高？室外为马路边、大公交站旁边；室内为厨房和不禁烟的餐厅。汽车尾气对 $PM_{2.5}$ 的影响很大。

在城市中，什么时段细颗粒物浓度最大？一天中的上下班高峰期；一年中的冬季供暖期。每天早晚的上下班高峰是路上汽车最多的时候，所以该时段的细颗粒物浓度也最高。

在城市中，什么天气情况下的细颗粒物浓度最高？雾霾天气、秋季阴雨天。空气中的二氧化硫、氮氧化物等气态污染物，在阴霾天等特定气象条件下，极容易转化成二次污染物，导致细颗粒物增加。潮湿的空气会给悬浮的污染物"穿上"一层"水衣"，更易造成污染物累积。此外，刚下雨雪或下小雨、小雪时，空气质量并不能立刻改善；无风、无雨雪的降温天气，也会因冷空气带来的颗粒物，导致污染更严重。

在城市中，什么职业最容易受污染物侵害？出租司机等。汽车尾气的污染，让需要长时间在公路上工作的人成了最大受害者。

七、让空气更美好

　　雾霾似乎在加快着它的进攻步伐，而聪明的我们利用智慧的武器与之抗衡。"空气净化器"便是武器之一。市面上的空气净化器种类繁多，名称也是五花八门。这些看上去各具特色的净化器，其工作原理主要有以下两种：

　　一种是被动吸附过滤。被动式的空气净化，是利用风机将空气抽入机器，通过内置的滤网过滤净化空气，之后再通过风机排出。这种方式主要能够过滤粉尘颗粒、异味、消毒等。

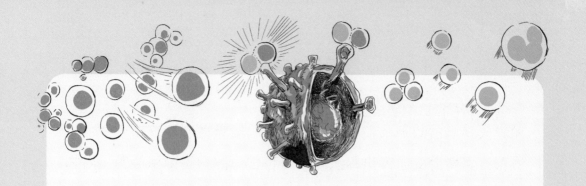

　　另一种是主动空气净化。主动式的空气净化，是有效、主动地向空气中释放净化灭菌因子，通过气体弥漫性的特点，到达室内的各个角落，对空气进行无死角净化。

　　主动式的空气净化与被动式的空气净化的根本区别在于：主动式的空气净化器放出"安全卫士"与空气中的"侵袭者"进行斗争；被动式的空气净化器则是利用"风机与滤网"这两种武器的配合对"侵袭者"进行拦截。

⊙ 解读智慧结晶

了解了净化器的工作原理后，我们再来认识它们的工作方式。净化器按照工作方式不同可分为物理式、静电式、化学式、负离子式和综合式。

物理式净化器：直径大的颗粒物通过滤孔小的滤网就会被拦截住；静电式净化器：通过静电感应把颗粒物吸附；化学式净化器：利用化学滤料及催化剂去除颗粒物；负离子式净化器：空气中的正离子和负离子结合发生化学反应来中和产生沉降颗粒物；综合式净化器：兼有多种方式。

下面我们就利用实验模拟静电式的工作方式：

实验材料：

A4纸一张，气球一个。

实验步骤：

（1）向气球内部吹气直至气球鼓起来，气球的大小自己掌握；把A4纸撕成碎片，摊放在桌子上。

（2）将充满气的气球在头发或衣服上进行摩擦。

（3）摩擦完成后，将气球放在碎纸片上方，观察实验现象。

记录发生的状况＿＿＿＿＿＿＿＿＿＿＿＿＿＿＿＿＿＿＿＿＿

生活中的小侦探：家中有没有具有静电吸附的装置呢？

蛛丝马迹：＿＿＿＿＿＿＿＿＿＿＿＿＿＿＿＿＿＿＿＿＿＿＿

▶ 变身智慧工程师

我们来研究一下被动式空气净化器的构造。净化器由以下部分构成：机箱外壳、过滤段、风道、电机、电源、显示器。机箱外壳、过滤段、风道、电机决定装置是否安静，过滤段决定净化效果，电机决定工作寿命。净化器的关键部分是过滤段和风机：一个滤网加一个风机就可以制作一个简易的空气净化器。（请在教师或家长的监护、指导下开展！）

材料：

螺丝刀1个、美工刀1把、宽胶带1卷、笔、纸盒（最好为35厘米×35厘米×40厘米）、风机（轴流风机、离心式风机）、HEPA滤网、螺丝钉若干。

制作：

（1）选取纸盒一侧描画出风机通风口的形状，利用美工刀刻出图样。

（2）将风机的通风口和裁剪出来的风口对齐，并将风机与纸盒连接固定。固定方式：螺丝和螺母垫片组合。

（3）在风机固定平面的对立面描画出滤网轮廓，利用美工刀刻出图样。

（4）将滤网镶入裁刻出来的轮廓内部，滤网四周与纸盒连接黏合，利用胶带将连接处密封固定。

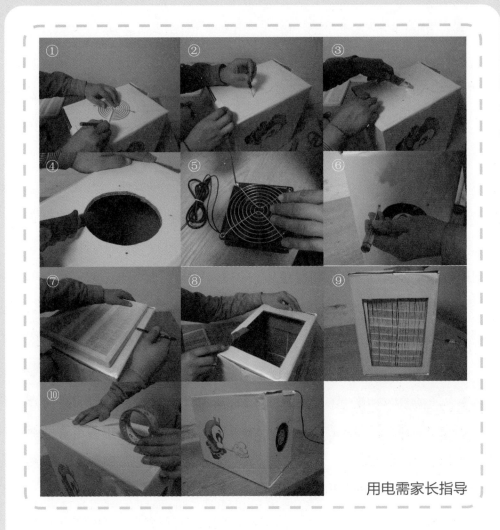

用电需家长指导

　　一个简易的空气净化器就这样诞生了！结构构造：纸盒一侧为滤网，对面一侧为风机。两个平面之间所形成的长方形空间为风道。

　　来测试一下你制作的空气净化器的过滤效果吧！测试前别忘记要检测漏气效果和用电安全！

时间节点	$PM_{2.5}$ 含量 $/$ $(\mu g/m^3)$
过滤前	
过滤后	

智慧发散

通过上面的学习，我们了解了净化器的工作原理和工作方式，对你选购净化器是否有帮助呢！下面还有一些"秘籍"供你参考！

挑选重点——过滤技术

颗粒污染物过滤技术主要依靠HEPA（高效空气微粒过滤材料）滤网，而HEPA滤网材质的不同也导致质量参差不齐，有的滤网虽然具有较高的过滤效率，但是阻力大，能效比较低，且容易堵塞，寿命短。HEPA滤网材质多为PP（聚丙烯）高效滤纸，PET滤纸，PP和PET（聚对苯二甲酸乙醇酯）复合高效滤纸以及玻纤高效滤纸。滤纸的选择要根据你的使用目的来决定。

能力的象征——关注适用面积或颗粒物洁净空气量（CADR）

空气净化器净化能力的强弱，主要是由适用面积和颗粒物洁净空气量决定，也就是CADR值，此值越大说明净化效率越高。

节能环保不能少——能效比和能效等级

空气净化器通常是长期连续使用的，能效比作为衡量空气净化器净化能力与电力消耗的重要指标，值得大家关注。能效比和能效等级越高，代表空气净化器越节能，使用成本越低。数字越小代表等级越高。

不能忽略的它——臭氧释放量

臭氧作为强氧化剂具有一定的净化能力，但对人体是有伤害的。国家对空气净化器臭氧释放量有强制性安全要求，臭氧的浓度必须小于0.16毫克/米^3。

八、通缉颗粒物

追击装置

在上一章节中我们认识了净化器，知道了净化器可以一定程度降低室内可吸入颗粒物和细颗粒物的浓度。那么怎么证明环境中可吸入颗粒物和细颗粒物减少了呢？你是否想到了它——$PM_{2.5}$检测仪！那么什么是$PM_{2.5}$检测仪？它的结构与原理又是什么？带着一系列问题我们一起开始学习吧！

追击装置的结构及工作方式

PM$_{2.5}$检测仪，是检测大气中粒径小于 2.5 微米细颗粒物质量浓度的仪器。现在国际上比较公认的测量方法为重量法，但是重量法的测试方法非常复杂，且测试仪器昂贵。生活中的手持检测仪都是以光散射技术进行检测的。

光散射检测仪的主要部分有：激光模块（也有少部分红外线探头）、处理器、传感器和显示模块，有的会加装报警器。激光模块相当于是检测器神奇的手，可以感知那些看不见、摸不着的颗粒物。传感器是检测仪的眼睛，处理器相当于大脑，而显示模块就很好理解了——"嘴巴"。其原理是：专用的激光模块产生一束特定的激光，当颗粒物经过时会反射激光，激光微小的反射与散射都会被灵敏的"眼睛"——传感器记录下来，再将这些情况传递给聪明的"大脑"——处理器。处理器会通过一系列的计算，将其转换为 PM$_{2.5}$的浓度，并告诉"嘴巴"——显示模块，最后经由显示模块告诉我们。

追击"罪犯"

学习了检测仪的工作原理。接下来让我们看看环境中哪些因素对检测仪的测量结果造成影响把。

还记得上节课制作的净化器吗？用你手中的检测仪检测一下它的效果如何吧。检测前我们要先检查环境，确定环境中有哪些因素会对测量结果造成影响，比如室内的湿度、采光程度等。

房间干燥和潮湿，这两种环境下的测试结果会有差异吗？

影响因素	测试结果 1	测试结果 2	测试结果 3
湿度 A			
湿度 B			

房间内光亮和阴暗，测试结果又会怎样？

影响因素	测试结果 1	测试结果 2	测试结果 3
开灯			
不开灯			

环境中还有什么因素会影响测试结果吗？想一想，试一试，测一测！

影响因素	测试结果 1	测试结果 2	测试结果 3

通过实验和对检测仪原理的理解，你学到了什么？

● 追击装置好与坏

按测试技术分类，检测仪可分为光散射技术和称重技术。光散射技术的一个缺点是不能区分空气中小水滴与颗粒物对光的散射，所以在一个湿度很高的地方，空气中充满的小水滴也会使得光被散射反射，增加所测得的 $PM_{2.5}$ 数值。因此，"光散射"方法不是当前国家认证的检测方法，国家认证的 $PM_{2.5}$ 检测方法包括"微量震荡天平"称重法和"β 射线"称重法，这两种方法可以排除水汽等其他物质影响，相对较准确，目前北京市环境监测中心采用的就是"微量震荡天平"称重法。

雾霾反击战

近几年来，"细颗粒物"时常以"雾霾"的形式，一波又一波地向我们发起攻击，侵害着我们的健康，赶之不尽，驱之不散。这件事引起了整个社会的关注，社会各界的专家被调动起来，研究应对"雾霾"的措施。专家们一致认为，植物在抵抗"雾霾"上有神奇功效，是我们治理雾霾最有力的"同盟军"！啊哈，你一定想知道植物是如何做到这些的？这很简单，当然是通过叶子，因为叶子是它们的"兵器"。植物有多少种，

它们的"兵器"就有多少种。不同的植物，它们的"兵器"的外形不同，威力的大小也不同。来吧，让我们一起走近植物，看看它们是如何大战"雾霾"的。

植物大战雾霾之术

活动一　植物"兵器"识别

材料用具:

枝剪、塑料袋、植物叶片、旧报纸或草纸、刷子、书、台纸、标签、胶水、胶带、毛笔、刀片、剪刀、玻璃纸。

活动过程:

（1）我们分成若干小组，每组2～3人。

（2）将小组分散到校园里，寻找不同的植物。

（3）用枝剪从每种植物上剪下一枚健康完整的叶片，放进塑料袋，带回教室。

（4）用刷子刷去叶片上的污物，保持叶片清洁美观。

（5）把整理好的叶片夹在干燥的旧报纸或草纸中，把植物夹在吸水纸里，用熨斗熨平，烘干。

（6）用毛笔蘸胶水涂在标本的一面，粘贴在台纸上，阴干。

（7）台纸的右下角贴上标签，注明编号，植物名称，叶片类型，采集日期、采集者。

活动任务：完成下列表格

叶子的种类

编号	植物中文名称	俗称	叶子的形状特征	图片
1	油松	东北黑松等	针形叶	
2	桃树、柳树等		披针形	
3				
4				
5				
6				

参考资料

表1 叶子形状对照表

		长宽相等（或长比宽大得很少）	长是宽的 1.5～2 倍	长是宽的 3～4 倍	长是宽的 5 倍以上
依全形分	最宽处近叶的基部	阔卵形	卵形	披针形	线形
	最宽处在叶的中部	圆形	阔椭圆形	长椭圆形	剑形
	最宽处在叶的先端	倒阔卵形	倒卵形	倒披针形	

表2 叶子的形状

针形	披针形	长椭圆形	椭圆形	卵形	圆形	菱形
楔形	线形	匙形	扇形	镰形	肾形	三角形
心形	倒披针形	倒卵形	倒心形	提琴形	箭形	戟形

第二单元 雾霾的成因及影响因素

活动二 观察叶表面有什么？

材料用具：

材料：15 种植物的叶片，分别是悬铃木、榆树、枣树、侧柏、国槐、榆叶梅、银杏、鸡爪槭、紫叶小檗、女贞、小叶女贞、大叶黄杨、小叶黄杨、丁香、紫荆。

用具：放大镜、镊子、干净密封塑料袋、笔、枝剪、刷子等。

实验过程：

采集叶片：

（1）采集叶片：春末夏初，在相对稳定的环境中，从上述 15 种常见乔木、灌木和绿篱中，用修枝剪剪下成熟、健康、新鲜的叶片，轻轻放进准备好的塑料袋中，带回实验室备用。

（2）给每种植物的叶片编号 1、2、3……15。

（3）用镊子取一枚叶片，用毛刷刷去表面的污物，用放大镜依次观察叶表面，记录观察的结果。

表3 叶表面特征（有无绒毛、光滑或粗糙、有无尘埃等）

编号	表面特征	编号	表面特征	编号	表面特征
1	举例：有绒毛、有尘埃	6		11	
2		7		12	
3		8		13	
4		9		14	
5		10		15	

活动三 探索植物滞尘的秘密武器

在开展这个活动之前，我们需要把两个概念弄清楚，并且要准确地记住它们：一个是植物滞尘，另一个是叶片滞尘量。

植物滞尘是指植物的吸尘降尘的作用。当尘埃飘（经）过植物时，被树叶、树干吸附，或者滞留在植物周围，最后降落至地面。

叶片滞尘量是指叶片阻挡、吸附和黏滞大气颗粒物的质量大小，以克（g）为单位。

材料用具：

植物叶片、烧杯、小毛刷、镊子、分析天平、烘干机、滤纸。

实验过程：

（1）将采集的叶片浸入盛满水的烧杯中，用小毛刷清洗叶片上的附着物，然后用镊子轻轻将叶片夹出。

（2）用 1/10000 分析天平称量烘干后的滤纸（W_1），然后用它来过滤浸洗液。

（3）将滤纸在 60℃ 下再次烘干，再以精度为 0.0001g 的分析天平称量（W_2）。

记录结果：

叶片上所附着的颗粒物质量 $= W_2 - W_1$

单位叶面积的滞尘量 PS $= (W_2 - W_1)/S$

表4　叶表面绒毛滞尘量

编号	滞尘量	编号	滞尘量	编号	滞尘量
1		6		11	
2		7		12	
3		8		13	
4		9		14	
5		10		15	

（4）比较植物叶片的滞尘量，分析叶表面绒毛的作用，以及在抵抗雾霾中的意义。

活动四　叶子能吸收细颗粒物吗？

材料用具：

生物显微镜、镊子、棉签、盖玻片、载玻片、烧杯、水、笔等。

实验过程：

（1）取不同叶片的叶下表皮，做成临时装片。

（2）放在显微镜下观察。

（3）生物绘图的方法记录叶表皮细胞、气孔的排列方式及细微变化，分析与判断植物抵抗雾霾的能力。并按照下面的图例，记录你所观察到的结果。

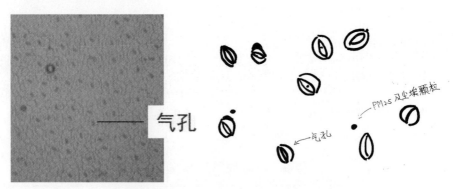

图例：植物叶下表皮气孔及细颗粒物

通过上述活动，我们终于明白，植物是我们人类最忠诚的卫士，当我们遭受雾霾侵袭时，植物用它们的叶表面绒毛阻挡大型尘埃，通过气孔吸收细颗粒物，保证我们的安全。因此，我们应该积极参加植物保护活动，加入到保护生态环境的队伍中来。

防霾健康行动手册

室内种什么植物好?

（1）能吸纳颗粒物的植物：

叶片粗糙的、表面有毛的、能分泌黏液的，要比那些表面光滑的、无毛的、无分泌物的有效。如薄荷、燕子掌、绿萝、发财树、吊兰、小叶榕、虎尾兰、橡皮树等。

一般而言，叶片面积越大，越粗糙，单位滞尘量越大。例如，雪松的叶子是针形的，面积较小，而虎尾兰的叶子是片状的，面积较大，因此，雪松叶子的滞尘能力不及虎尾兰叶片的滞尘能力。

（2）空气加湿器的植物：

散尾葵：最有效的空气加湿器。

龟背竹：夜间可吸收二氧化碳。

（3）能吸收有害物质的植物：

风信子、鹅掌柴：可吸收尼古丁和其他有害物质，每小时能把甲醛浓度降低大约 9 毫克。

铁线蕨：可吸收甲醛，因此被认为是最有效的生物"净化器"。

第三单元

防霾行动

十、保护你的
"个人机场"

肺部机场

你知道吗，我们每个人的身体里都有一个很大的机场，新鲜的空气从"鼻子大门"出发，沿着"气管"、"支气管"等航线飞翔，最终降落在"肺部机场"。当空气进入肺部后，对我们有用的氧气将被血液吸收带到身体各处，而氧气以外的其他气体及人体呼吸产生的二氧化碳则从"肺部机场"起飞，从"鼻子大门"飞离我们的人体。

如果"肺部机场"的健康出现了问题，那可就麻烦啦。空气中的污染物会堵塞我们的"肺部机场"，导致"肺部机场"的容量减小，这样的话我们整个身体就会出现问题。

机场很重要

你想知道
"肺部机场"对我们
到底有多重要吗?

那就在老师的带领下试一试吧。

- 请老师倒计时 3 秒钟,在这 3 秒钟时间内,深深地吸一口气。
- 3 秒钟后,计时正式开始,就不能呼吸喽。
- 老师每 5 秒钟进行一次报时,坚持得越久越好。
- 看一看,你坚持了多久,并把你的感觉写到下面。

我坚持了 _____ 秒。

我的感觉是: _____

防霾健康行动手册

▶ 你的机场运转良好吗？

实验用具：

水、塑料瓶（2.5升以上）、秒表、软塑料管、水槽、500毫升烧杯、薄膜塑料袋、米尺。

实验步骤：

（1）大塑料瓶中装满水，并拧紧盖子。

（2）将大塑料瓶倒置在装有水的水槽中，并拧下盖子（由一名小组成员负责扶正瓶子，以防歪倒）。

（3）测试者将塑料袋中的空气尽力挤出，并将塑料袋的口弄成气球吹气口的形状。

（4）深吸一口气，并在1秒钟的时间内尽力向塑料袋里吹气，吹气完毕后，用手捏紧塑料袋口。

（5）将软管一端插入塑料瓶中，另一端连接塑料袋，用力挤压塑料袋，让塑料袋中的空气全部进入塑料瓶中。

（6）将塑料瓶盖重新拧好，拿出水槽。

（7）用量筒测量塑料瓶中剩余的水量，并计算自己1秒钟内呼出的气体体积。将这个数值填写在数据记录表的"fev1 实际值"中。

（8）用米尺测量自己的身高，填写于以下数据记录表中。

（9）通过公式，计算自己的 fev1 理论值，填写于数据记录表。

（FEV1 理论值 = 身高 ×3.44 − 年龄 ×0.033 − 1）

数据记录表

姓名	身高（m）	年龄	Fev1 实际值（L）	Fev1 理论值（L）

数据分析

这个体积在医学上被称为 fev1（一秒用力呼气容积），医生常常用这个数值来判断肺部的健康程度。如果一个群体的实际值与理论值相差 0.5 升以上，则说明这个群体的肺部有阻塞性肺病的风险，空气中的颗粒污染物会导致肺部被阻塞，所以数值的不正常说明他们可能已经遭受到空气污染的威胁。

在老师的带领下，统计同学们测得的数值并进行讨论：我们班的同学是否遭受到空气污染的威胁？

● 伦敦烟雾事件

　　1952 年的伦敦正值工业高度发展时期，工厂燃烧大量的煤炭，夜以继日地进行生产，排放出大量的污染物。那一年的 12 月 4 日至 9 日，伦敦市上空的扩散条件不佳，这些空气污染物笼罩在城市上空不能散去，且越积越多。浓厚的雾霾阻挡了行人的视线，也严重影响了人们的呼吸健康。雾霾浓度太大，导致白天如黑夜一般，交通警察要拿着灯站在路中央为汽车照亮前路。这种状况一直持续到 12 月 10 日，一股强劲的西风吹散了笼罩在伦敦上空的恐怖烟雾。

　　有毒颗粒物的危害巨大，短短五天里就让很多人出现了急性呼吸道疾病，人们感到胸闷、窒息等，严重者甚至死亡。据英国官方统计，这 5 天里丧生者达 5000 多人，在大雾过去之后的两个月内又有 8000 多人相继死亡。此次震惊世界的空气污染事件被称为"伦敦烟雾事件"，成为 20 世纪十大环境公害事件之一。

十一、"颗粒物"战争

我的卫兵

空气中分布着的大大小小的颗粒物，是不被我们身体所接受的。所以在前往肺部的路径上，我们的身体设置了许多层防线来抵挡这些颗粒物。这就好

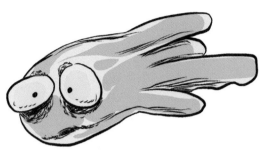

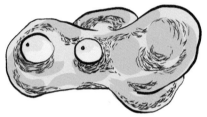

像是一场守城战，为了保护我们的肺部健康，鼻毛、黏液等战士夜以继日地战斗着。让我们来看一看，他们是如何保护我们的。

战略部署

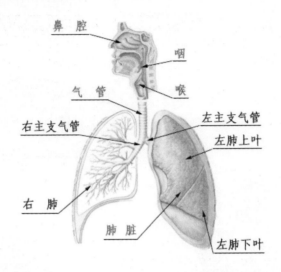

鼻腔
咽
喉
气管
右主支气管
左主支气管
左肺上叶
右肺
肺脏
左肺下叶

我们的整个呼吸道都设有防御系统，颗粒物越大，越难进入。试一试，将下列不同大小的颗粒物（大于 PM_{10}，PM_{10}，$PM_{2.5}$）对应填写在上图中呼吸道可以防御过滤这种颗粒物的位置。

颗粒物究竟有多大？让我们更直观地看一看，连连看。如果我们将身体中那些微小的东西放大 500 倍至肉眼可见，它们分别是多大呢？将你认为符合它们大小的物体用线连接在一起。

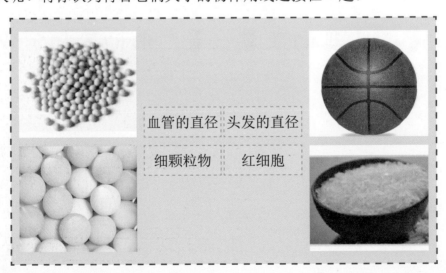

血管的直径　头发的直径

细颗粒物　红细胞

防霾健康行动手册

肺部攻略战

桌面游戏污染物大闯关

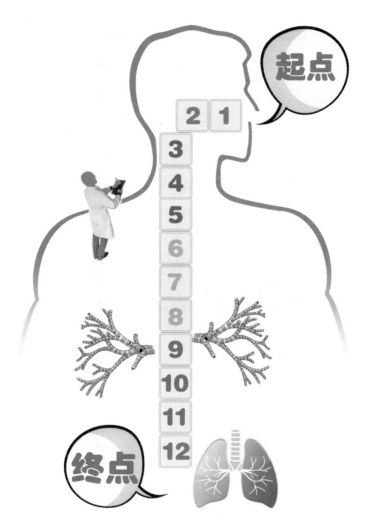

说明:

● 2～6 人游戏,用橡皮做标志物,每个人拥有一个标志物。每组准备一个骰子。

● 在每个格子投出相应的数字,方可继续前进。具体如下:

起点→2：这里是鼻腔，可以阻挡大部分直径大于 2.5 微米的颗粒物和 42% 的 $PM_{2.5}$。想要通过这里，你需要投出 1、3、5。没有投出则原地不动。

3→5：这里是咽喉，会黏住一部分直径大于 2.5 微米的颗粒物和 8% 的 $PM_{2.5}$。想要通过这里，需要投出 1 到 4。投出 5 原地不动，投出 6，你随着咳嗽回到起点。

6→8：这里是气管，最后那部分直径大于 2.5 微米的颗粒物和 4% 的 $PM_{2.5}$ 被气管黏液拦截了下来。需要投出 1 到 3，方可通过。4 和 5 原地不动，6 随着痰液回到 3。

9→11：这里是支气管，11% 的 $PM_{2.5}$ 被支气管黏液截留了下来。投出 1、2 方可通过。3 到 5 原地不动，6 随着痰液回到 7。

12→终点：这里是肺泡，最终将有 35% 的 $PM_{2.5}$ 进入这里。这里已经是肺部的深处，人体没有办法将它们清理出去。到达这里，代表着人体防御的失败，污染物的胜利。

防线介绍

鼻毛与纤毛

在我们的鼻腔里有很多黑色的毛，我们把它叫作鼻毛。鼻毛就是颗粒物战争中的第一道防线，大一些的颗粒物会被鼻毛直接阻挡下来。鼻腔会分泌出很多黏液，这些黏液可以增加鼻毛"捕获"颗粒物的能力。最终形成鼻涕排出体外。对于大一些的异物，例如小虫子、草屑等，鼻毛不但会加以阻拦，还会向神经系统传递信息，引起打喷嚏，直接把它们喷射出鼻腔。

所以，剪鼻毛、拔鼻毛、用力挖鼻孔等行为，相当于拆除了这道防线，削减鼻腔阻拦颗粒物的能力。

在我们的气管中，还分布着一道非常重要的防线——纤毛。纤毛分布在气管的内壁上，非常纤细，长度仅仅为 2 ~ 5 微米，和细颗粒物的大小差不多。这些纤毛无时无刻不在向上摆动，好像是汽车挡风玻璃的雨刷器一般，细小的颗粒物会被纤毛一直向上运送到喉咙，再经由咳嗽排出体外。

纤毛的效率非常高，但当你得了感冒、气管炎等疾病，它们就会暂时失效、停止摆动；当人体吸入香烟等有毒气体，也会导致纤毛罢工。所以要保护好这些卫兵，就要锻炼身体，远离香烟。

连连看答案：

当放大 500 倍后，直径 5 毫米的血管直径相当于篮球的直径，直径 80 微米的头发直径相当于乒乓球的直径，直径 8 微米的红细胞相当于黄豆的大小，而直径 2.5 微米的细颗粒物好似一粒米。所以细颗粒物如果进入人体，可以在身体中畅通无阻。

十二、口罩辨别

　　每当遇到雾霾天气，我们最常用的防护方式就是佩戴口罩啦！但是商场和超市里的口罩种类好多啊，每次我都选的眼花缭乱的。到底选择哪种口罩最适合我们呢？什么样的口罩防霾效果最好呢？

　　让我们通过实验来看看吧……

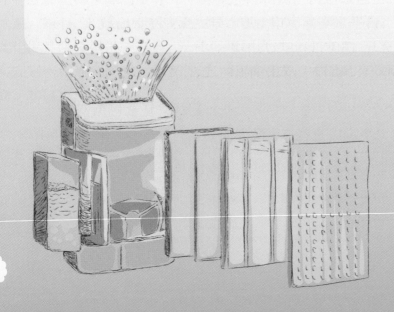

活动：口罩真的有区别吗？

　　挑选几种市面上不同的口罩，我们一起测试一下，看看不同的口罩防护的效果是否有明显差异？

　　我们可以利用一个"口罩检测仪"，来检测一下口罩的密闭性和雾霾防御的效果。（见下图，西城区青少年科技馆自制的口罩防霾检测仪器，这是个模拟简易仪器。）

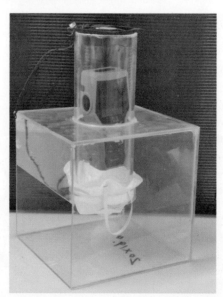

防霾健康行动手册

我们家里没有这样的仪器，怎么知道哪种口罩更适合我们呢？在什么环境下，我们佩戴哪种口罩更合适呢？不要着急，我们通过实验来检测一下。

实验材料：

● 不同材质的口罩，若干；

● 剪刀，胶条，$PM_{2.5}$检测仪（若干），檀香，打火机。

实验步骤：

1. 挑选几种不同的口罩。

2. 把几种不同类型的口罩分别剪下一小块，作为测试片。

3. 用胶布把刚才剪下的口罩测试片贴到$PM_{2.5}$测试仪的进风口上。注意，一定确保进风口被完全封闭住。

4. 在旁边点一根檀香。观察 $PM_{2.5}$ 测试仪上的数值变化。

5. 讨论一下，哪个测试仪上的数值变化明显？哪个变化不明显呢？为什么呢？

6. 参考资料

（1）一般医用口罩

常见品种：医用外壳口罩、一次性医用口罩等。

功能：阻挡大于 4 微米的颗粒，对 $PM_{2.5}$ 的阻挡效果比较差；可避免飞沫影响到别人或吸入病人的飞沫。

适用情景与注意事项：有感冒、发烧、咳嗽等症状时使用，医护人员照顾病人时使用，一次性使用。

（2）活性炭口罩

常见品种：KN90 口罩等。

功能：可吸附有机气体、恶臭分子、毒性粉尘等。

适用情景和注意事项：骑乘机车、自行车时佩戴，当无法吸附异味、潮湿或破损时立即更换。

（3）医用专业防护口罩

常见品种：N95 口罩，N99 口罩等。

功能：呼吸阻抗大，能阻挡 0.3 微米的粒子，操作会产生飞沫微粒等特殊工作时使用，对 $PM_{2.5}$ 防护效果最好。

适用情景和注意事项：不适合一般居民日常生活使用或长时间佩戴。

十三、你会戴口罩吗？

活动：选选看

我们在规划自己的时间时，常常要按照事情的轻重缓急来安排顺序。如果出现需要佩戴口罩的天气，你会将下列能做的事情如何进行分类呢？请将序号写在你认为这件事情应该存在的区域。

1. 锻炼身体 2. 戴上口罩 3. 绿色出行 4. 开净化器 5. 开窗通风
6. 上网抱怨 7. 了解雾霾 8. 户外玩耍 9. 节约用电 10. 告诉家人

1 既重要又紧急	2 重要但不紧急
3 不重要但紧急	4 不重要不紧急

毫无疑问，在户外活动或开窗通风虽然在平时很重要，但在重污染天气下应该尽量避免，所以属于在雾霾天气下重要但不紧急的事情。而戴上口罩，开净化器等则是既重要又紧急的事情了，那么你会正确佩戴口罩吗？

活动：Yes Or No

将活动场地分成左右两块，左边代表认为正确，右边代表认为错误。老师依次对佩戴口罩的要点进行提问，学生通过移动位置来做出判断。错误的同学被淘汰下场，直到所有题目完成，还留在场上的同学为胜者。

- 防护雾霾，最适宜使用的是 N95 口罩。（√）
- 口罩适合各类人群佩戴。（×）
- N95 口罩可以防护甲醛等装修污染。（×）
- N95 口罩佩戴时无需按紧鼻夹（×）
- 呼吸阻力大的口罩不适宜长时间佩戴。（√）
- 带呼吸阀的口罩过滤效果更好。（×）

口罩的选择方法

口罩使用遵照其使用说明进行，佩戴时必须完全罩住鼻、口及下巴，保持口罩与面部紧密贴合；心脏或呼吸系统有困难的人（如哮喘肺气肿）、佩戴后头晕、呼吸困难和皮肤敏感者不建议佩戴口罩，尽量减少室外活动；骑行或运动时不宜佩戴防护级别过高的口罩，以防造成呼吸不畅。

口罩的佩戴方法及注意事项

从正规渠道购买口罩；根据不同的空气污染程度选择相对应防护级别的口罩；初次选用口罩时，需参照产品使用说明试戴，购买与面部具有良好贴合性的产品；佩戴过程出现不适或不良反应，应停止佩戴该口罩；一般来讲，长时间佩戴高呼吸阻力的口罩可能对身体健康产生不利影响，所以不建议消费者长时间、超等级佩戴防护型口罩。

活动：顺序排排号

下面几张图是正确佩戴口罩的视频截图，可现在顺序被打乱了。你能为他们找到正确的位置吗，请将你认为正确的序号写在图片旁边的横线上。

顺序 ＿＿＿＿＿＿＿＿＿＿＿

将耳带拉至耳后，调整耳带至感觉尽可能舒适。

顺序 ＿＿＿＿＿＿＿＿＿＿＿

检查口罩与脸部的密合性。

顺序 ＿＿＿＿＿＿＿＿＿＿＿

面向口罩无鼻夹的一面，两手各拉住一边耳带，使鼻夹位于口罩上方。

防霾健康行动手册

顺序 _____

用口罩抵住下巴。

顺序 _____

用双手食指、中指同时按压鼻夹，使鼻夹紧贴鼻部。

顺序 _____

佩戴完毕

检查口罩气密性的方法

1. 佩戴口罩完毕后，将双手五指略弯曲并合拢，分别扣在口罩后的左右两侧；

2. 深吸气，如发现口罩周边均紧吸在面部，则佩戴密合性良好；

3. 佩戴过程中可以配合转头、低头、抬头等常用动作；

4. 如反复调试后仍存在漏气现象，说明不适合此面型的口罩。